中国国家公园

武夷山国家公园

中国地图出版社 编著

范志伟 周际 主编

中国地图出版社

·北京·

图书在版编目（CIP）数据

中国国家公园．武夷山国家公园 ／ 中国地图出版社
编著；范志伟，周际主编．-- 北京：中国地图出版社，
2025．1．-- ISBN 978-7-5204-4270-1

Ⅰ．S759.992-49；K928.3-49

中国国家版本馆 CIP 数据核字第 2024AS5709 号

策　　划：孙　水
责任编辑：梅　换
编　　辑：李　铮　郝文玉
美术编辑：徐　莹
插画绘制：原琳颖
封面设计：众闻互动文化传播（北京）有限公司

中国国家公园 武夷山国家公园
ZHONGGUO GUOJIAGONGYUAN WUYISHAN GUOJIAGONGYUAN

出版发行	中国地图出版社	邮政编码	100054
社　　址	北京市西城区白纸坊西街 3 号	网　　址	www.sinomaps.com
电　　话	010-83490076　83495213	经　　销	新华书店
印　　刷	保定市铭泰达印刷有限公司	印　　张	4
成品规格	250 mm × 260 mm		
版　　次	2025 年 1 月第 1 版	印　　次	2025 年 1 月河北第 1 次印刷
定　　价	40.00 元		
书　　号	ISBN 978-7-5204-4270-1		
审 图 号	GS 京（2024）1157 号		

* 本书中国国界线系按照中国地图出版社 1989 年出版的 1:400 万《中华人民共和国地形图》绘制。

* 如有印装质量问题，请与我社联系调换。

前言

　　武夷山，这片位于中国东南部的奇秀山峰，以其秀美的山水、丰富的生物多样性被誉为"世界生物之窗"。这里不仅是乌龙茶和红茶的发源地，更是世界文化与自然双重遗产，拥有众多自然与人文的瑰宝。

　　本书将带领小朋友一步步深入探索武夷山国家公园的每一个角落，从九曲溪的蜿蜒流淌，到天游峰的高耸入云；从大红袍的茶树传奇，到古崖居的神秘遗迹；从行踪隐秘的黄腹角雉，到色彩鲜艳的琉璃榆叶甲……每一页都是一幅精美的画卷，每一处都蕴含着丰富的知识。

　　让我们一起阅读这本书，了解这里的动植物资源，发现这里的地质奇观。喜欢大自然、对中国传统文化好奇的小朋友，都能在这本书里找到让自己心动的瞬间。

目录

灰腹绿锦蛇

藏酋猴

中国雨蛙

暗绿绣眼鸟

虎纹蛙

黄岗臭蛙

黑龙江

吉林

内蒙古自治区

辽宁

新疆维吾尔自治区

天山山脉

阿尔泰山脉

北京市 天津市 河北

宁夏回族自治区 山西 山东

甘肃 陕西 河南

西藏自治区 青海

四川 重庆市 湖北 安徽 江苏 上海市

湖南 浙江

昆仑山脉 祁连山脉 秦岭 黄河

江西 福建

贵州 广东 香港 台湾

横断山脉 长江

云南 广西壮族自治区 澳门

东海

钓鱼岛

赤尾屿

太平洋

海南 南海

海南岛

西沙群岛 中沙群岛 黄岩岛

南沙群岛

曾母暗沙

江西

武夷巨腿螳

黄腹角雉

橙腹叶鹎

黄岗山

采茶

黑麂

九曲溪

大王峰

福建竹叶青

九曲溪

天游峰

武夷宫

莲蓬

竹荪

福建

金斑喙凤蝶

凤头麦鸡

椴木菇

图　例

核心保护区

一般控制区

省界

河流

地理位置 ⛰

武夷山国家公园位于武夷山脉北段，地处福建和江西两省交界处，分为江西片区和福建片区。

藏酋猴

中华秋沙鸭

蛇雕

中华穿山甲

金斑喙凤蝶

眼镜蛇

在这座美丽的国家公园内，**九曲溪**的蜿蜒、**玉女峰**的秀美、**大王峰**的威严、**悬棺**的神秘、**茶园**的清新、**朱子书院**的雅致等，无不令人心驰神往。这里每一寸土地、每一滴水都承载着大自然的鬼斧神工和人类文明的独特印记。

3

地形地貌 ⛰

　　武夷山是我国东南沿海丘陵与江南丘陵的分界线,是华东地区的重要生态安全屏障。园内主要出露地层为前震旦系和震旦系的**变质岩系**,以及中生代的火山岩、花岗岩和碎屑岩,具有典型的**亚洲东部环太平洋带**的构造特征。

河流侵蚀基面,发育瀑布、峡谷等地貌。

青年期

山体被河流强烈侵蚀,构造破碎,多峰丛、峰林地貌。

壮年期

丹霞地貌形成过程示意图

武夷山西部发育有深大断裂谷和断块山脊，其中最为壮观的是**武夷大峡谷**；东部发育了曲折多弯的溪流和壮观奇特的丹霞地貌，形成山水相融的"碧水丹山"风光。

老年期

平原占据主体，河谷宽广，发育宽谷——峰林——孤峰组合地貌。

什么是丹霞地貌？

丹霞地貌是罕见的自然美景，是由红色岩石经过长期风化剥离和流水侵蚀等外力作用，而形成的顶平、身陡、麓缓的方山、石墙、石峰、石柱等奇险的地貌形态。中国是丹霞地貌分布最广泛的国家之一，已发现丹霞地貌1000余处。

傲然屹立的奇峰

武夷山风光秀丽，保存了以玉女峰、天游峰为代表的**独特丹霞地貌景观**，有着极高的美学价值。

玉女峰

海拔313米的玉女峰，山体陡峭，峰顶宛如花卉参簇，岩壁秀润光洁，宛如玉石雕琢而成。每当旭日初升之时，霞光映照在峰顶，玉女峰便如一位美丽动人的少女，沐浴在金色的阳光之中，十分妩媚。

天游峰

天游峰为武夷山第一胜地，位于武夷山景区中部，海拔408.8米。它独出群峰，云雾弥漫，山巅四周有诸峰拱卫，三面有九曲溪环绕。游人站在天游峰顶，武夷山全景尽收眼底，美不胜收。

金钱豹

中华穿山甲

6

大王峰

　　大王峰，又名天柱峰，是武夷山的象征。这座山峰的高度虽然仅有500多米，但因其独特的地理位置和地貌特征，显得格外高大险峻。在众多山峰中，大王峰犹如一位雄壮的守护者，矗立在武夷山脉。

黄岗山

　　黄岗山是武夷山脉的主峰，其海拔为2160.8米。它是江西省和福建省的界山，向来有"华东屋脊"的美称。每年八九月间，山顶上的萱草（俗称黄花菜）就开出金黄色的花朵，整座山就像披上了金色的外衣。相传，黄岗山就是因为这壮观的景象而得名。

千奇百怪的峡谷、怪石

武夷山发育的众多峡谷、怪石，在大自然鬼斧神工的雕琢下，成为令人们赞叹不已的自然奇观。

武夷大峡谷

黄岗山下是气势恢宏的**武夷断裂带**，也被称作武夷大峡谷。这里山谷陡险、植被茂密、云雾缥缈，充满神秘色彩。众多流泉飞瀑在这里汇聚成溪，流入闽江，奔向东海。

鹰嘴岩

鹰嘴岩是一座浑然一体的巨岩，光秃秃的岩顶，东端向前突出，尖曲如喙，宛如一只展翅欲飞、搏击长空的雄鹰。

一线天

一线天位于武夷群峰的西南端，素有"鬼斧神工之奇"的称号。

虎啸岩

虎啸岩的"虎啸"之声，来自岩上的一个巨洞。山风穿过洞口，便发出怒吼，声传空谷，震撼群山。

武夷大峡谷

翡翠谷

翡翠谷位于武夷大峡谷生态公园北部，低处的潭水碧绿，如同点缀在山谷间的一颗颗翡翠，因此得名"翡翠谷"。这里不仅有五光十色的五彩池，还有错落有致的珍珠滩和神奇罕见的鸳鸯瀑布。

红河谷

红河谷位于武夷大峡谷生态公园南部，由"武夷红层"岩体构成。800米河床呈丹红色，河水流淌谷中，清莹的溪水，透出殷红色彩，如晨晖晚霞，似玛瑙琥珀。

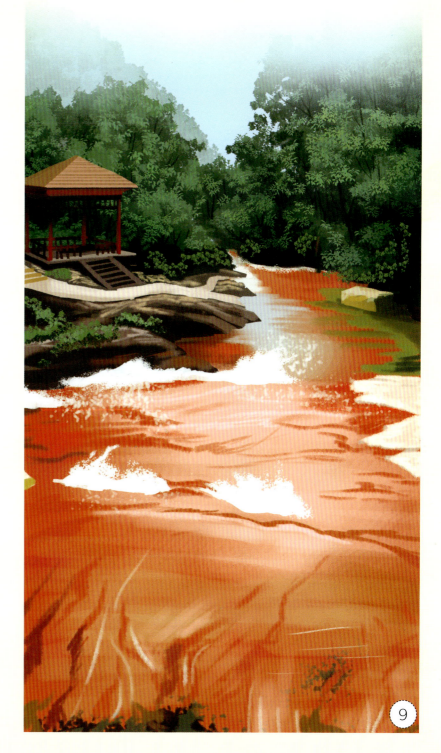

多姿多彩的溪流、瀑布

　　武夷山的水，既有蜿蜒流淌的秀丽之美，又有大气磅礴的壮阔之姿。在武夷山这片土地上，水尽情显示出它的万千风情。

九曲溪

　　九曲溪位于峰岩幽谷之中。高峰与奇岩交错排布，九曲溪贯穿其中，蜿蜒东行。山挟水转，水绕山行，每一曲都有不同景致的山水画意。

九曲溪有何特点？

　　一曲，畅旷豁达；二曲，幽谷丹崖；三曲，虹桥奇观；四曲，秀山媚水；五曲，深幽奇险；六曲，天游览胜；七曲，三仰雄伟；八曲，青山奇石；九曲，锦绣平川。

青龙大瀑布

青龙大瀑布位于九曲溪的上游，地处断裂带，地势险峻，森林群落近乎原始。经测定，青龙大瀑布及周边地带是武夷山空气中**负氧离子含量最高**的地方，是名副其实的天然氧吧。

大安源瀑布

大安源瀑布位于武夷山国家公园的黄岗山大峡谷。从高处跌落的瀑布击石飞花，让原本静谧的山林多了几分野趣。这里是难得的避暑胜地，夏天来到这里，丝丝凉气赶走暑热，沁人心脾。

"情侣瀑布"

在海拔1200米的黄岗山峰上，有一处独特的景点——"情侣瀑布"。"男儿瀑"宛如一条巨大的银链，从天际垂落，发出震耳欲聋的轰鸣声；"女儿泉"则蜿蜒曲折，摇曳生姿，仿佛是一位婀娜多姿的少女在翩翩起舞。

丰富的生物多样性 ⛰

武夷山国家公园是我国东南地区最重要的生物多样性宝库之一。这里登记在册的脊椎动物共 769 种，高等植物共 3404 种。此外，还有数量众多的昆虫在这里自由飞翔。它是我国当之无愧的物种基因库和生物模式标本产地。

蛇的王国

武夷山深谷地貌众多，深谷内光照弱、风力小、湿度大，山溪水系丰富，形成了特殊的气候环境。这样的生境非常适合生物的生存和繁衍。这里已知蛇类种数达 75 种，被誉为"蛇的王国"。

福建竹叶青

王锦蛇

平鳞钝头蛇

灰腹绿锦蛇

绞花林蛇

赤链蛇

眼镜蛇

灰鼠蛇

崇安斜鳞蛇

福建华珊瑚蛇

尖吻蝮

翠青蛇

【本书涉及物种数量统计数据截止日期为 2023 年 6 月。】

我有毒！ 我没毒！

蛇一般分无毒蛇和有毒蛇。区别是毒蛇的头一般是三角形的，口内有毒牙和毒腺，能分泌毒液，尾部较短，并突然变细；多数无毒蛇头部呈椭圆形，口内无毒牙，尾部逐渐变细。

蛇的"自白"

"我可以维持生态平衡！"

蛇通过捕食鼠类和害虫等，可以控制其数量，减少其对农作物和环境的破坏。

"响尾蛇导弹的灵感来自我！"

响尾蛇导弹的设计主要参考了响尾蛇的热感应器官。响尾蛇会根据猎物的移动动态调整自己的攻击角度和速度。这为科学家的仿生学研究提供了极大的启示。

"我是环境指示器！"

蛇对气压的变化非常灵敏，人们通过观察蛇的活动变化，可以进行气象预报和环境监测。

鸟的天堂

武夷山国家公园有 430 种鸟类，被誉为"鸟的天堂"。

白鹇

雄鸟与雌鸟外形有所差异。雄鸟上覆白色羽毛，尾羽长而弯曲，冠羽呈蓝黑色，脸部则呈猩红色。相比之下，雌鸟体形较小，上体呈棕褐色或橄榄褐色，显得低调多了。

蓝喉蜂虎

蓝喉蜂虎因其喉部的蓝色羽毛而得名。头顶及上背呈巧克力色，腰部和尾部呈浅蓝色，胸脯及腹部呈浅绿色，可以说是鸟届"多巴胺穿搭"的"天花板"了。

橙腹叶鹎

橙腹叶鹎是一种体色鲜艳的鸟儿。雄鸟背覆绿色羽毛，翅膀和尾巴呈蓝色，喉侧有两道蓝髭纹。雌鸟则不如雄鸟显眼，全身基本呈绿色。

凤头麦鸡

凤头麦鸡最具辨识性的特征是其头顶细长而稍向前弯的黑色冠羽，以及背部有金属光泽的绿黑色羽毛。

白腿小隼

白腿小隼因其腿部羽毛为白色而得名。又因其背黑腹白，眼部周围羽毛为黑色，酷似熊猫的眼睛，与大熊猫的配色一样，又被人们称为"熊猫鸟"。

白背啄木鸟

　　白背啄木鸟的特征是下背呈白色，间有黑色条纹，臀部呈浅绯红色。雄鸟顶冠是绯红色的，雌鸟顶冠则成黑色。

蛇雕

　　蛇雕是一种褐色猛禽。成鸟具有黑色与白色相间的扇形颈背冠羽，被覆灰褐色羽毛。面部与脚为黄色，腹部布满白色斑点。

中华秋沙鸭

　　中华秋沙鸭雄雌均有飘逸的"长发"，在水中游动时，头上的冠羽向后散开。身体两侧的羽毛布满规则的鱼鳞状斑纹。

观鸟时要注意什么？

保持距离，穿着适宜，保持安静
不使用闪光灯，尊重鸟类，不引诱或追逐
保护环境，不投喂鸟类，安全观鸟
记录与分享，学习并了解鸟类知识

暗绿绣眼鸟

　　暗绿绣眼鸟最明显的特征就是其独特的白色眼圈。它们的头部和背部是绿色的，飞羽和尾羽则黄中带黑，尾下覆羽则是鲜艳的黄色。

丛林中的"黄金战神"——黄腹角雉

黄腹角雉被誉为"鸟中大熊猫",是我国特有的濒危雉科鸟类。

形态特征

"它来了,它来了,它抖着肉裙走来了!"求偶季节到来的时候,雄鸟会竖起威严而神秘的**蓝色肉角、吐出肉裙**并亮在胸前上下甩动、身披一件华丽的黄金战甲,再加以夸张的舞姿来吸引雌鸟。它雄赳赳、气昂昂,就像一位"黄金战神",对雌鸟大胆示爱,以获得繁衍后代的机会。

雌鸟的颜色相比于雄鸟就低调多了。它全身呈黑褐色,布满黑色、棕黄或者白色细纹,这种毛色是自然演化出来的**保护色**,能够保护雌鸟隐蔽在森林环境中不被掠食者发现,也可以更好地养育下一代。

食谱

黄腹角雉是**群居生活**的高手,喜欢结群活动,一起觅食、一起嬉戏。它主要以蕨类及植物的茎、叶、花、果实和种子为食,偶尔会采食蜘蛛、蜻蜓、蚂蚁和菌类。

趣谈
黄腹角雉

　　黄腹角雉活动隐蔽，爱在山林中"躲猫猫"，常在茂密的林下灌丛和草丛中活动，发现危险便低头缩进草丛中。

　　雌鸟会把蛋生在道路旁的树干凹坑中，如果没有树叶、树枝的遮盖，鸟蛋就暴露在天敌的视野之中。另外，雄鸟并不参与孵化、育雏任务，孵蛋、警戒、觅食等需要雌鸟独自完成。这种开放式育儿模式可谓危机四伏。因此，黄腹角雉成活率很低。

非凡走兽

藏酋猴

　　藏酋猴，是中国的特有珍稀物种，以植物性食物为主，吃野果、树叶和嫩芽，但它有时也捕食昆虫、小鸟，甚至偷鸟蛋。藏酋猴还是社交高手！它们会用各种声音来交流，像是吼叫、鸣叫和咕噜声等。家族成员们更是团结互助，共同照顾小猴。

中华穿山甲

　　中华穿山甲有一身坚不可摧的鳞片，它生性羞涩，总是喜欢在夜晚出没。白天，它就安安静静地躲在地下洞穴里；夜晚，它就变成黑暗中的超级猎手。它爱吃昆虫，尤其是白蚁。虽然它没有翅膀和利爪，但它有根长长的舌头，能轻松伸进蚁穴里，粘住白蚁带回嘴里，把白蚁咬碎吞下。

金钱豹

金钱豹的毛色主要为黄色，身上布满黑色的环斑。金钱豹的生活环境多样，包括森林、灌丛、湿地和荒漠等，通常选择在浓密树丛或岩洞中筑巢，独居生活。它常在夜间活动，白天则多在树上或岩洞内休息。

云豹

云豹，属于濒危物种。它以独特的云纹和灵活的身姿在猫科动物中独树一帜。它的捕食方式灵活多变，能根据不同的环境和季节调整捕食对象。它主要以小型哺乳动物和鸟类为食，偶尔也会品尝水果、鸟蛋等，以补充其营养所需。

黑麂

黑麂拥有独特的黑褐色毛皮，而尾背黑色、尾下纯白色的搭配则为其增添了一丝优雅。黑麂口味有些挑剔，只吃树叶、嫩芽和水果。它拥有卓越的跳跃和奔跑能力，能够轻松穿越密集的植被和山地。

大鲵

　　大鲵体表光滑湿润，体色变化较大，以棕褐色为主。大鲵一般生活于流速较慢的河流，以及大型流溪的岩洞或深潭中。

虎纹蛙

三港雨蛙

武夷林蛙

古氏草蜥

　　古氏草蜥鳞片粗糙，体形瘦长，背部以褐色为主，腹部呈白色，体长一般不超过25厘米，动作迅捷，擅长攀爬，通常以小型昆虫为食。

黑斑肥螈

　　成螈以水栖生活为主，白天常静静地卧在溪内石块上或碎石间，或在水底缓慢爬行。它在受到惊扰后会迅速向石洞或石头下逃逸。

研究亚洲两栖爬行类动物的钥匙

武夷山国家公园有 50 种两栖动物、99 种爬行动物，被誉为"研究亚洲两栖爬行类动物的钥匙"。

丽棘蜥

丽棘蜥行动迅速，爬行时常四肢触地，身体略举起，有时停止行动环视周围，受惊后又继续逃去。

挂墩角蟾

中国雨蛙

崇安髭蟾

崇安髭蟾是武夷山国家公园的模式标本产地种之一，属于中国特有的珍稀蟾类，在研究两栖动物进化中有一定的意义。

黄岗臭蛙

昆虫世界

　　昆虫，是大自然的精灵，更是地球上生物多样性的重要组成部分。它们以其多姿多彩的身影，或在茂林修竹间翩翩起舞，或以百转千回的歌声鸣唱着美妙动人的生命交响曲。

　　武夷山国家公园有近 8000 种昆虫，被誉为"昆虫世界"。

竹节虫

　　竹节虫的身体看起来就像一节一节的绿色竹子。它非常擅长模仿，可以模仿树枝或树叶的形态，拟态现象显著，被称为昆虫界的"伪装大师"。

琉璃榆叶甲

　　琉璃榆叶甲像是把彩虹穿在身上，它的鞘翅泛着七彩的光芒，这让它的天敌看起来望而却步。这其实是它的一种保护策略。

姬蜂虻

　　姬蜂虻，体长 2 厘米左右，具有光滑少毛、腹部和后足细长等特征，外形看起来与姬蜂类似，因之得名。

金斑喙凤蝶

　　金斑喙凤蝶作为中国的特有珍品，居世界八大名贵蝴蝶之首，被誉为"国蝶""蝶之骄子""蝶中皇后"。

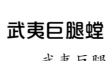

武夷巨腿螳

武夷巨腿螳是中国特有种，名字中的"巨腿"是因为其前足胫节呈叶状扩展，就像挂了一个锅盖。

悦目金蛛

悦目金蛛是一种较为常见的蜘蛛，它有8足，只不过这8足分为四组，每组2足离得很近，不仔细看，就会误以为它有4足。它喜欢生活在向阳的灌木丛、果树间等地方。

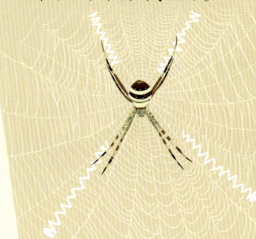

阳彩臂金龟

阳彩臂金龟的头面等部位呈金绿色，看起来相当引人注目。雄性个体超长的前足，不仅是其捕食和防御的利器，也是其标志性的特征。

豆芫菁

豆芫菁头部呈圆形，颜色为红色，身体则呈现黑色，体长约2~4厘米。它经常在雨季后出没，喜欢在阴湿环境中生活，以各种植物的嫩叶为食。

楝星天牛

楝星天牛身上满布深浅不一的黄色绒毛斑块，这是它较为显著的外形特征。成虫一般通过胸部摩擦发声或者鞘翅振动而发声。

独特的植物

武夷山植物种类繁多，有"植物宝库"之称，是世界同纬度带现存面积最大、保存最完整的中亚热带原生性森林生态系统。

这里既有大量亚热带树种，又有温带树种和热带树种，发育明显的植被垂直带谱，是中国亚热带森林和中国南部雨林最大和最具代表性的范例，其中很多古老和珍稀的植物物种都是中国独有的。

植被垂直带谱

中山草甸带
1800~2158 米

中山苔藓矮曲林带
1700~1900 米

温性针叶林带
1500~1800 米

针阔叶混交林带
1100~1600 米

常绿阔叶林带
300~1500 米

武夷杜鹃

与其他杜鹃不同，武夷杜鹃是武夷山特有的品种，其主要特征为花小，单生枝顶。

伯乐树

伯乐树高达 20 米，树干通直挺拔，被光滑的褐色树皮包裹着，塔形的树冠高悬林中。它通常在每年的 4 月至 5 月开出簇簇粉色的伯乐花。

南方铁杉

南方铁杉是我国第三纪孑遗植物的特有种，属裸子植物，没有真正的花。叶子为条形，呈螺旋状排列在枝条上。

福建柏的叶

伯乐树的花

福建柏

福建柏是我国特有的古老孑遗植物，其叶子如鱼鳞般紧密排列生长，叶上面为绿色，背面为白色气孔带，非常明显。

25

真菌世界

真菌，是地球上最古老的生物之一，它独立于动物和植物，自成一界。它相当于一个**平衡者**，通过共生、寄生和腐生作用，平衡着自然界树木和昆虫的数量。

根据真菌的生态习性和营养方式，可分为腐生菌、共生菌和寄生菌三类。

腐生菌

腐生菌生长在倒木、落叶等腐殖质上，分泌酶将木质素等有机物分解为无机物，从而获取养分，再把无机物释放到环境中，供生产者再使用，完成能量物质循环，维护生态平衡。

硬毛栓菌

番红花蘑菇

华南黄霓伞

近穆雷粉褶菌

工作人员在记录真菌

武夷山的真菌

共生菌

共生菌从寄主身上获得养分，但不会对寄主造成伤害，反而有益于寄主生存。

寄生菌

寄生菌侵入活的植物、动物等寄主体内，吸取养分，造成寄主生病或死亡。例如虫草就是真菌寄生在昆虫体内，从昆虫体内吸取营养，当营养物质耗尽时，菌丝便从虫子体内长出，看起来就像一株小草。

微小蘑菇

诸犍老伞

椿象线虫草

蝉花虫草

宽孢红鳞牛肝菌

27

民俗瑰宝与文化遗产 ⛰

碧水丹山、生物之窗、朱子故里、红茶祖地造就了武夷山国家公园珍贵的世界自然遗产和文化遗产。

悠久灿烂的茶文化

在群山环抱的神秘幽谷里，武夷山独特的自然环境是茶树生长的梦想之地。

武夷茶香从 1000 多年前绵延至今。这里是武夷山岩茶、红茶（正山小种、河红茶）的**发源地**。这里的人们开创了"万里茶道"的贸易传奇，让武夷山的茶叶名扬四海。

"茶发芽咯！"惊蛰时期，春茶萌动。每年春茶开采时节，当地茶农都会举办盛大的开山活动，祈求风调雨顺、茶叶丰收。

茶发芽咯
茶发芽咯

喊山祭茶活动

神奇的大红袍母树

九曲溪畔的岩骨花香道，九龙窠十几米高的岩壁上，生长着6株树龄300多年的大红袍母树。这6株大红袍母树被誉为"茶中之王"。

6 株大红袍母树

6株大红袍母树为何如此长寿？

风化的岩石被称为"烂石"，透气性好，富含矿物质，非常适宜茶树生长。6株大红袍母树刚好就生长在这样的"烂石"上，而且岩壁上有一条狭长裂缝，岩顶终年有泉水自裂缝滴落，为茶树生长提供水源。

独特的种茶环境

林密雨沛的山地，是茶树生长的**绝佳之地**。高山云雾的自然环境，使茶树得以在漫射多光的条件下生长发育。

不少**茶枞**的枝干被苔藓、地衣围绕，小虫在上面攀爬。茶树不需要借助人工手段进行害虫防治。在茶树上出现的害虫，一旦数量达到一定程度，**强脚树莺**等鸟类便会前来捕食，将害虫数量控制在不会造成灾害的水平。因此，自然界中的这种奇妙平衡得以维持。

什么是采茶舞？

采茶舞将武夷山种茶、采茶、制茶、品茶等动作元素，与武夷山传统制茶工艺和饮茶习俗相融合，让游客在欣赏舞蹈的同时，充分领略武夷山茶文化的独特魅力。

采茶舞

古老的采茶传统

　　当地人采茶很有讲究，雨天不采茶，早晨露水不干不采茶，中午阳光强的时候不采茶，严格遵循古老的**采茶传统**。

　　武夷茶人终年忙碌，采摘制作春茶之时是其最忙碌的时节。茶叶**迅速抽芽**，采摘时机稍纵即逝，采茶人在这几天异常辛苦，必须要尽快将茶叶采下，送到厂里进行晾晒等后续步骤。

采茶

31

古建筑之美

桐木关

　　桐木关位于福建和江西的交界处，这里是古代的军事要地，在这里可以看到桐木的峡谷断裂带，两侧高山耸峙入云，"V"形的大峡谷犹如一道天堑，极其雄奇壮观。

遇林亭窑址

　　遇林亭窑址是全国规模最大、保存最完整的宋代古窑址之一。

汉代闽越王城遗址

汉代闽越王城遗址是我国第一个被评为世界遗产的西汉诸侯王城遗址，被誉为"江南汉代考古第一城"和"中国的庞贝城"。

武夷宫

武夷宫坐落在大王峰的南麓。前临九曲溪口，是历代帝王祭祀武夷君的地方，也是宋代全国六大名观之一，始建于唐天宝年间，是武夷山最古老的一座宫殿。

下梅村

下梅村是"中国历史文化名村"，这里历史悠久，人文荟萃，至今保存着70余幢明清时代的古民居，是从闽北至莫斯科的万里茶道的起点。

悬崖上的秘密

摩崖石刻、古崖居和悬棺是武夷山的著名文化奇观，它们共同见证了这片土地上悠久的历史和独特的文化。

摩崖石刻

摩崖石刻，指人们在天然岩石上刻画的文字和图像等，起源于远古时代的记事方式，盛行于北朝时期，此后流传不衰。

武夷山的摩崖石刻有400多方，大部分集中在九曲溪沿岸。坐水观山，这些镌深描红的石刻精美绝伦，不仅点缀了武夷山如画的风景，还赋予武夷山独特的精神风貌和人文价值。

悬棺

摩崖石刻

古崖居

古崖居，是古人在山崖上开凿的石窟居室。在武夷山，古人于半山崖壁之上开凿了古崖居，郁郁葱葱的植被与山崖居室融为一体，甚为隐秘。

古崖居

悬棺

武夷山的先民利用多悬崖、多岩洞的地理特征，施行一种奇特的悬棺葬习俗，距今已经有几千年的历史。由于外形像浙江一带的乌篷船，悬棺也被称为**船棺**。悬棺的放置形式有两种：一种是放在天然的或者人工开凿的洞穴里，另外一种是由虹桥板支撑悬挂在岩壁上。

古代人如何在古崖居居住？

岩洞可以遮风避雨，洞口空阔采光良好，洞内干燥通风适宜居住，又有一眼泉水可供人饮用。人们依崖壁凿出灶台、水池、石臼、石仓等生活用具，再将运到洞穴内的木材搭起阁楼，可以说这在当时算很好的居住条件了。

悬棺

朱熹与朱子理学

朱熹是中国历史上著名的思想家、教育家和哲学家，是儒学的集大成者。他在武夷山生活了近 50 年，开创了儒学思想文化中的朱子理学。可以说，朱子理学的孕育、成熟都在武夷山。

朱熹有哪些成就？

朱熹博览群书，广注典籍，在经学、史学、文学、乐律乃至自然科学等领域都有不同程度的成就。

朱熹提出的重要理论

朱熹 19 岁时初入官场，但他的仕途并不顺利。他多次辞官，又多次回到官场。最终在 33 岁这年，辞官回家，用大部分的时间做学问，提出"格物致知""理气论"等理论。

清代张载所画的朱熹像

朱熹与"四书章句集注"

朱熹特别尊崇《孟子》和《礼记》中的《大学》《中庸》，将之与《论语》并列，并为四者分别作了注释。他对《大学》《中庸》的注释称"章句"，对《论语》《孟子》的注释称"集注"，合称"四书章句集注"。

朱熹与武夷山

朱熹 54 岁时，在武夷山九曲溪五曲侧畔隐屏峰下建立了武夷精舍（又称紫阳书院），作为其讲学和著书的地方。这里成为朱熹及其学生学习和交流的场所。

在武夷精舍，朱熹广收门徒，培养了大量学生，其理学思想在此地传播开来，形成了一个有力量、有影响的学派。朱熹的学说对后世产生了深远的影响。

朱熹对武夷山的自然景观有着深厚的感情。他的诗词中多次提及武夷山的山水之美，如"三曲君看架壑船，不知停棹几何年"等，这些诗句不仅赞美了武夷山的自然景观，也表达了他的人生哲学和理学思想。

毛竹

东笋

南茶

西鱼

饮食文化与传统技艺

"武夷四宝"

　　"武夷四宝"，即东笋、西鱼、南茶、北米，其中南茶以武夷岩茶最为出名。另外，武夷山所产的莲子、椴木菇、姬松茸、竹荪等农副产品，以及武夷熏鹅、稻花鱼干等土特产品也较出名。

武夷山竹编

武夷山竹编多用毛竹编成，产品形式多样，从竹筷、蒸笼、果盘、竹筐、竹篓到桌椅、沙发等，展现了竹子的强可塑性。特别是在春节临近时，用传统竹编技艺制作的"福"字竹编产品广受市场欢迎。

莲子

武夷山剪纸

剪纸是一种用剪刀或者刻刀在纸上剪刻花纹，用于装点生活或配合其他民俗活动的民间艺术。左图为武夷山当地人的剪纸作品——武夷山玉女峰。

竹荪

北米

姬松茸

椴木菇

生态保护 ⌃

生态保护是武夷山国家公园的重要底色。人们利用一些高科技手段巡山护山，对武夷山的自然景观、旗舰物种、人文胜迹等默默守护，为维持武夷山的生态平衡做出了重要贡献。

万物生灵守护者

武夷山的守山人是指致力于保护武夷山自然环境和文化遗产的工作人员和当地居民。

守护茶山

守山人关注茶山上的生产活动情况，留意是否存在违规扩边种茶、毁林种茶等问题。因为这些行为可能会带来水土流失的风险，影响森林生态平衡和茶树的生长环境。

护鱼队

除了森林保护，武夷山还有一支"护鱼队"，负责在河道巡逻，保护九曲溪及其水生动物。

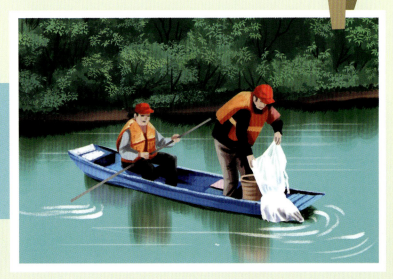

守山人的挑战

　　守山人日常的工作环境有时候非常艰苦，他们开车沿着崎岖的山路进山，饿了啃干粮、渴了喝溪水，默默地守护着这片大山。

守山人的贡献

　　守山人的工作促进了武夷山生物多样性的发展，也在很大程度上保护了武夷山这一世界自然和文化双重遗产。

守山工作

　　守山人的工作内容包括森林管护、防火、宣传等，他们每月至少巡山12次，每次需要跋涉很长的山路。

高科技手段显神通

　　人们根据武夷山国家公园的自然环境状况、生态系统特征等，建立**监管巡护体系**，构建国家公园天空地一体化监测体系，实现对武夷山国家公园的全面监测和有效监管。

"空"是什么？

　　"空"主要是无人机巡护，可以提高森林巡护效率，帮助发现人工巡护发现不了的问题。

"地"是什么？

　　"地"就是人们运用视频监控、红外相机等设备，在巡护网格内进行合理选型和布设，实现对国家公园内各种资源的长期监测。

　　通过以上三种方式，可以一定程度上实现管理的智能化，可以及时发现武夷山国家公园的森林火情、茶园面积、违建等的变化情况。

"天"是什么?

"天"是遥感卫星每月提供一期 0.5 米分辨率的影像,相关人员通过对比可以筛选出变化,并及时核实,有问题早发现早治理。

人们通过对下面两张遥感卫星影像进行对比分析,可以发现武夷山局部地区有建设行为。山顶部分地区种植了茶园。

人们对比分析以下两张遥感卫星影像,可以发现局部地区有新增建筑。这有助于管理人员及时发现武夷山国家公园内是否存在违建行为。

填一填